KB184098

아홉 살에 처음 만나는
반려친구 고양이

초판 1쇄 인쇄일 | 2024년 12월 15일   초판 1쇄 발행일 | 2024년 12월 20일

지은이 | 김세라
일러스트 | 진지현
펴낸이 | 강창용
책임편집 | 강동균
디자인 | 서용석

펴낸곳 | 하늘을나는코끼리
출판등록 | 1998년 5월 16일 제 10-1588
주소 | 경기도 고양시 일산동구 고양대로 953-17, 한울빌딩 2층
전화 | (代)031-932-7474
팩스 | 031-932-5962
이메일 | feelbooks@naver.com
포스트 | http://post.naver.com/feelbooksplus

ISBN   979-11-6195-232-1   73490

＊ 책값은 뒤표지에 있습니다. ＊ 잘못된 책은 구입처에서 교환해 드립니다.

품명 아동도서   **제조년월** 2024년 11월 14일
사용연령 8세 이상   **제조자명** 하늘을 나는 코끼리
제조국 대한민국   연락처 031-932-7474
주소 경기도 고양시 일산동구 중앙로 1233 현대타운빌 703호
주의사항 종이에 베이거나 긁히지 않도록 조심하세요.
책 모서리가 날카로우니 던지거나 떨어뜨리지 마세요.
KC마크는 이 제품이 공통안전기준에 적합하였음을 의미합니다.

하늘을나는코끼리는 느낌이있는책의 어린이책 브랜드입니다.

아홉 살에 처음 만나는

반려
친구

고양이

김세라 지음
진지현 그림

생명 사랑의 작은 한걸음

요즘에는 동물을 가족처럼 여기는 사람이 참 많죠? 그런 동물들을 사람의 동반자, 즉 친구가 되는 동물이라고 해서 반려동물이라고 부릅니다. 전에는 개가 대표적인 반려동물이었는데, 언제부턴가 고양이를 반려동물로 키우는 사람이 늘어나고 있어요.

우리는 고양이라는 동물에 대해 얼마나 알고 있을까요? 이 책에는 우연한 기회에 고양이와 한 달 동안 지내게 된 준하 가족이 고양이의 특성을 이해하고 고양이와 친해지는 과정이 그려져 있습니다. 특히 고양이를 별로 좋아하지 않았던 준하 아빠의 변화가 두드러집니다.

현재 고양이를 키우고 있는 어린이, 앞으로 기회가 된다면 키우고 싶은 어린이는 고양이를 이미 좋아하고 있는 거겠죠? 따라서 고양이에 대해 어느 정도 기초 지식을 갖고 있을 거예요. 하지만 상대방에 대해 더 많이 알수록 더 제대로 사랑할 수 있답니다. 고양이에 대해 더 많이 알고 싶어 하는 어린이들에게 이 책이 조금이라도 도움이 되었으면 좋겠습니다.

반면에 고양이가 무섭다고 느끼거나 고양이에 대해 안

좋은 기억이 있는 어린이는 길고양이를 만나더라도 반갑지 않을 거예요. 하지만 고양이와 실제 대화를 나눠본 것이 아니니, 고양이에 대해 오해하고 있는 것이 있을 수도 있어요. 그렇다면 고양이로서는 얼마나 억울한 일일까요? 일단 마음의 빗장을 조금 열고 고양이라는 동물에 대해 조금씩 알아가 보는 건 어떨까요?

고양이들은 각자의 자리에서 각자의 삶을 살아가고 있습니다. 집고양이든 길고양이든 고양이는 사람과 더불어 사는 존재입니다. 우리가 '사람이 지구의 주인'이라는

사람 중심의 태도에서 벗어나 고양이를 '지구 생활의 동반자'로 여기게 된다면, 그것이 곧 생명 사랑의 작은 한 걸음이 아닐까요? 이 책에 나오는 준하 가족의 이야기를 통해 집고양이든 길고양이든 고양이를 어떤 마음가짐으로 대하면 좋을지 다 함께 생각해봤으면 합니다.

우리 이제, 고양이를 제대로 만나보아요!

차례

1장

겁 많은 고양이 아로

 딩동! 벨이 울리고 인터폰 화면에
수지 이모의 얼굴이 비칩니다.

"와, 수지 이모다! 이모가 고양이 데려온댔지?"

준하는 고양이를 빨리 보고 싶어서 팔짝팔짝 뜁니다.
엄마가 현관문을 열자 수지 이모가 들어왔습니다. 이모
는 고양이 '아로'가 들어있는 이동장을 어깨에 메고 커다

10

란 가방을 들고 있습니다. 이모는 이동장과 가방을 낑낑
대며 내려놓았습니다.

"와, 준하 많이 컸네! 잘 있었어?"
"안녕하세요! 이모, 고양이, 이 안에 있어요?"
"응. 근데 지금 잔뜩 겁먹었을 거야. 준하야, 이모가 나
중에 데리러 올 때까지 우리 아로 잘 부탁해!"
"네!"

수지 이모는 준하 엄마의 친구입니다. 한 달 동안 외국
에서 지내게 되어 고양이 아로를 준하 집에 맡기러 왔습
니다. 준하가 이동장 안을 들여다보니 아로는 잔뜩 긴장
한 듯 몸을 웅크리고 있습니다. 준하가 이동장 문을 열
고 손을 뻗어 아로를 만지려고 하자 아로는 준하를 노려
봤습니다. 그리고 이빨을 드러내며 사나운 표정을 지었
습니다. 준하는 고양이를 잘은 몰라도 귀여운 동물로 생

각했는데, 그런 표정을 보자 순간적으로 무서운 생각이 들었습니다.

"이모, 고양이가 화났나 봐요! 무서운 얼굴을 하고 있어요!"

"그래? 어디 보자. 에구구, 우리 아로가 하악질을 하고 있네."

"하악질? 그게 뭐예요?"

"고양이가 불안할 때 이빨을 드러내고 경계하는 거야. 날카롭게 '하악'거리는 소리를 낸다고 해서 하악질이라고 해. 지금 뭔가 긴장되고 불편하다는 뜻이니까 이럴 때는 안 건드리는 게 좋아. 그럴 때 자꾸 만지려고 하면 할퀼 수도 있어."

"어머 어머, 할퀸다고? 애, 엄청 사나운 애 아니니? 순하다며!"

"걱정 마! 시간이 가면 괜찮아질 거야. 지금 낯설어서 그래. 우리 아로가 얼마나 귀엽고 사랑스러운데! 그치, 아로야?"

아로는 이모에게는 하악질을 하기는커녕 천사 같은 표정으로 바라봤습니다. 준하는 앞으로 한 달 동안 아로와 잘 지낼 수 있을지 살짝 걱정되기 시작했습니다.

"그래, 걱정 말고 잘 다녀와. 밥 잘 주고 화장실만 치워 주면 된다며."

"응! 까다로운 애는 아니니까 금방 적응할 거야. 내가 보내준 '아로 10 계명'만 잘 지키면 돼."

"알았어. 사진이랑 영상이랑 찍어서 보내줄게."

"오케이! 선물 왕창 사다 줄게. 기대하시라!"

"아로야, 엄마가 데리러 올 때까지 잘 있엉. 알았징? 쪽쪽!"

이모는 이동장을 들여다보며 아로에게 작별 인사를 했습니다. 이모는 자기를 스스로 아로의 '엄마'라고 하면서 이동장에 대고 뽀뽀까지 했습니다. 준하는 그런 모습을 보면서 이모가 정말로 아로를 많이 사랑하는구나, 싶었습니다. 이모는 아쉬움과 흥분이 동시에 가득한 얼굴로 엄마와 인사를 나누고 떠났습니다.

"아로야! 아로야! 얼른 나와!"

준하는 이동장 문을 조심스럽게 열었습니다. 하지만 여전히 잔뜩 웅크린 모습의 아로는 밖으로 나올 기미가 전혀 없습니다.

"아로에게도 적응할 시간이 필요할 거야. 재촉하지 말고 기다려주자. 참, '아로 10계명'이 뭐였더라? 그것만 잘 지키면 된다고 했는데?"
"나도 볼래!"

준하는 엄마와 함께 엄마 휴대폰을 들여다봤어요.

"고양이도 생명체라 손이 많이 가네. 준하가 많이 도와 줘야 해. 알았지?"

준하는 고개를 힘차게 끄덕였어요. 준하는 당장 엄마를 도와 아로의 짐을 정리하기 시작했어요. 밥그릇이며 물 그릇이며 화장실이며 장난감이며, 옮겨야 할 것이 한두 개가 아니었어요.

[묘로 10계명]

하나. 매일 사료와 물을 챙겨주세요.

둘. 매일 화장실을 청소해주세요.

셋. 매일 털을 빗질해주세요.

넷. 매일 양치질을 해주세요.

다섯. 매일 사냥놀이를 해주세요.

여섯. 가끔 발톱을 깎아주세요.

일곱. 높은 데 올라가는 걸 좋아해요.

여덟. 물을 싫어해요.

아홉. 시끄러운 소리를 싫어해요.

열. 밖에 데리고 나가지 말아주세요.

엄마는 화장실을 어디에 둘지 고민하다가 베란다에 두
었어요. 그리고 그 안에 모래를 잔뜩 부었어요.

"엄마, 지금 뭐 하는 거야? 거기에 왜 모래를 넣어?"
"고양이는 볼일을 보고 나서 모래로 덮거든. 그래서 화
장실에 모래를 넉넉히 부어줘야 해."
"모래로 덮는다고? 진짜?"
"신기하지? 한번 볼래?"

19

엄마가 보여주는 영상을 보니 정말 고양이가 볼일을 보고 나서 모래로 덮는 장면이 나왔습니다. 이어지는 또 다른 영상에서는 고양이 화장실을 청소하는 장면이 나왔습니다. 화장실 안에 고양이 대소변이 모래로 덮인 덩어리들이 흩어져 있고, 화장실 삽으로 덩어리들을 치우자 화장실이 깨끗해졌습니다.

냥냥냥 고양이 학교

고양이는 언제부터 사람의 친구가 되었을까?

고양이가 사람과 가까워진 것은 대략 1만 년 전부터입니다. 사람이 농사를 지으면서 곡식을 저장하게 되자 이를 노리는 쥐가 들끓기 시작했고, 쥐를 사냥하는 고양이들도 쥐를 쫓아 사람들 근처에 오게 됐어요.

고양이는 중동 지방에서 점차 북아프리카, 유럽, 아시아 등으로 퍼져나갔어요. 특히 15~16세기 유럽인들이 신항로 개척에 나섰던 대항해시대를 계기로 사람과 부쩍 가까워졌어요. 먼바다까지 나가 오랫동안 항해해야 하는 탐험가들에게 배의 식량을 축내고 전염병을 퍼뜨리는 쥐들을 없애는 고양이는 쓸모있는 존재였거든요. 물론 고양이 특유의 귀여움도 한몫했을 거고요.

우리나라에는 삼국시대에 중국에서 불교 경전과 함께 들어왔다고 전해집니다. 나무로 만들어진 불교 경전을 쥐가 갉아 먹는 일이 많으니 쥐 사냥꾼인 고양이가 꼭 필요했던 거죠.

고양이가 배설물을 모래로 덮는 이유는?

: 고양이가 배설물을 모래로 덮는 것은 천적들(고양이를 잡아먹는 동물들)이 배설물의 냄새를 맡지 못하게 하려는 거예요. 천적들이 배설물 냄새를 맡고 고양이가 어디 있는지 알게 되면 위험해지기 때문이죠.

고양이는 육식동물이라 대변 냄새가 강하거든요. 물을 많이 먹는 편이 아니다 보니 소변 농도가 진해서 소변 냄새도 지독해요. 집고양이를 키우는 보호자들은 모래로 덮인 고양이 대소변 덩어리를 각각 '맛동산'과 '감자'라는 애칭으로 부르곤 합니다.

고양이는 깔끔한 동물로 유명해요. 그래서 집고양이의 화장실

은 반드시 하루에 한 번 이상 청소해줘야 합니다. 만약 화장실이 더럽거나 불편하게 느껴지면 화장실 아닌 다른 곳에 볼일을 볼 수도 있어요.

화장실 개수는 여유 있게, 만약 고양이가 한 마리 있다면 두 개를, 두 마리가 있다면 세 개를 준비해주는 것이 좋습니다.

화장실 크기도 중요해요. 고양이가 편하게 용변을 보고 뒤처리를 할 수 있도록, 고양이 몸보다 약간 큰 것으로 준비해주세요.

'고양이는 왜 하악질을 할까?

: 고양이는 불안하고 긴장되어 있을 때 하악질을 해요. 두려워하는 마음을 들키지 않으려고 거꾸로 상대방을 위협하는 것처럼 행동하는 거죠. 고양이가 하악질을 하는 상황은 또 있어요. 뭔가에 깜짝 놀라거나 흥분했을 때도 하고, 몸이 아프거나 피곤할 때 자기를 성가시게 하지 말라는 뜻으로 하기도 해요. 하악질을 하면서 온몸의 털을 부풀리기도 합니다. 고양이가 하악질을 하는 것은 스스로 자기를 보호하기 위해서예요. 고양이가 하악질을 할 때는 큰소리를 내거나 큰 동작을 하지 않고 조용히 내버려 두는 것이 좋습니다.

2장

빨리 친해지고 싶어!

준하는 아로가 이동장에서 나오기만 기다렸어요. 시간이 한참 흘렀고, 준하는 배가 고파졌어요.

"엄마, 배고파!"
"간식 줄까?"
"응. 근데 아로도 배고플 거 같아."
"사료를 앞에 갖다 놓자. 배고프면 먹기 위해서라도 밖으로 나오지 않을까?"

"내가 갖다줄래!"

준하는 사료 그릇과 물그릇을 이동장 앞에 갖다 놨습니다. 아로는 사료 냄새를 맡았는지 코를 씰룩거렸어요. 하지만 사료를 먹으러 나올 기미는 없었어요.

사실 아로는 배가 많이 고팠어요. 수지 이모집에서는 하루에 여러 번 규칙적으로 사료를 먹었거든요. 하지만 지금은 잔뜩 긴장해서 준하가 사료를 줘도 먹을 생각을 못하고 있어요. 준하는 아로가 어서 긴장을 풀고 적응해서 사료도 잘 먹고 같이 놀 수 있게 되기만을 바랐어요.

그런데 준하와 엄마가 식탁에서 간식을 먹고 와 보니 상황이 달라져 있었어요! 아로가 그새 이동장에서 나와 소파 밑으로 들어가 버린 거예요. 아로는 소파 밑에서 여전히 겁먹은 표정으로 웅크리고 있었어요. 준하는 이런 아로가 안타까웠어요.

"엄마! 아로가 이젠 소파 아래로 들어갔어. 어떡해?"
"어떡하긴! 스스로 나올 때까지 기다려줘야지. 고양이가 원래 겁이 많기도 하지만, 영역동물이라서 더 그럴 거야."
"영역동물? 그게 뭐야?"
"응, 자기가 생활하는 공간을 자기 영역이라 생각하고 그 영역을 중요하게 여기는 동물이야. 고양이는 대표적인 영역동물이거든."

고양이는 영역동물이라 익숙한 자기 영역에서 생활하는 걸 좋아해요. 낯선 곳에 가면 스트레스를 많이 받죠. 아로는 수지 이모 집을 자기 영역으로 여기고 살다가 지금 갑자기 낯선 곳에 오게 되어 많이 놀란 거랍니다. 준하는 아로가 새 공간에 적응할 때까지 기다려줘야 한다는

걸 알게 됐어요.
저녁이 되자 아빠가 왔습니다.

"아빠! 고양이 왔어!"

"어이구, 우리 준하 좋겠네. 고양이 온다고 엄청 기다렸
잖아! 근데 고양이는 어디 있어?"
"소파 밑에 계속 숨어 있어."

준하가 울상을 지으면서 말했어요. 그때 엄마가 휴대폰을 보면서 말했어요.

"아로가 어떻게 하고 있는지 이모가 궁금하대. 영상을 찍어서 보내주자."

엄마는 소파 밑으로 휴대폰을 넣어 아로의 모습을 찍어서 이모한테 보냈어요. 그러자 이모한테서 아로가 좋아하는 삶은 닭고기를 줘 보라는 답장이 왔어요.
엄마가 닭고기를 삶기 시작하자 맛있는 냄새가 집 안에 퍼지기 시작했어요. 엄마는 닭고기를 식혀서 잘게 찢은 다음 접시에 담아서 소파 앞에 뒀어요.
그러자 아로는 또 코를 씰룩거리면서 접시를 바라봤어요. 아까 사료 접시를 갖다 놨을 때보다 더 많이, 더 오래 씰룩거렸어요. 시간이 흘렀으니 그만큼 배도 더 고파진 거겠죠.

"준하야, 우리가 보고 있으면 안 먹을지도 몰라. 좀 떨어져서 모른 척하자."

준하는 소파에서 떨어져 앉았지만, 눈은 계속 소파 밑에 있는 아로를 향해 있었어요.
그때 아빠가 거실 바닥에서 뭔가를 집어서 들여다보더니 눈살을 찌푸리며 말했어요.

"이거 고양이 털 맞지? 어휴, 집에 이렇게 동물 털이 돌아다니면 어떻게 살지?"
"고양이가 털은 진짜 많이 빠진대. 그래도 매일 빗질해주면 좀 덜 빠진다고 하니, 빗질 열심히 해주고 청소 열심히 해야지, 뭐."
"청소를 더 열심히 해야 한다고? 맙소사!"

깔끔한 것을 좋아하는 아빠는 아로 때문에 집 안에 동물 털이 돌아다니는 것이 못마땅한가 봐요. 확실히 고양이는 털이 많고, 그런 만큼 털도 많이 빠집니다. 고양이는 원래 봄과 가을에 털갈이(동물의 죽은 털이 빠지고 새 털이 나는 것)를 합니다. 하지만 집고양이는 온도가 일정한 실내에서 살기 때문에 털갈이를 계절과 상관없이 매일매일 하는 셈입니다.

준하는 식탁에 앉아 저녁을 먹으면서도 계속 소파 밑의 아로가 신경 쓰였어요. 오늘 따라 좋아하는 반찬이 많아서 맛있게 먹고 있는데, 아로가 배가 고플 것을 생각하니 안 타까웠어요.

저녁을 먹고 나서도 준하는 소파 밑이 보이는 곳에 앉아 아로가 나오기만 기다렸어요. 준하는 조금씩 졸리기 시작했어요. 하지만 꾹 참고 기다렸어요. 준하도 끈질기지만, 아로도 준하 못지않게 끈질겼어요. 조금 있으면 잘 시간인데, 이러다 오늘 중으로는 못 만나겠다 싶었어요.

그때였어요! 아로가 접시 쪽으로 조금 몸을 움직였어요! 아주 조금이었지만, 아로가 움직인 게 분명히 보였어요! 준하는 너무 기뻐서 팔짝팔짝 뛸 뻔했지만, 엄마가 준하를 꼭 잡고 있어서 가만히 있을 수 있었어요. 물론 준하는 조용히 기다려야 한다는 걸 알고 있었어요.
아로는 좌우로 고개를 돌려 소파 바깥쪽의 눈치를 살피더니 접시 쪽으로 조금 더 다가왔어요. 준하는 엄마와 마주 보며 소리 없이 함박웃음을 지었어요. 이제 조금만 더 기다리면 아로가 음식도 먹고 곧 소파 밖으로 나오지 않을까 기대했죠.

그런데 그때 갑자기 "윙~~" 소리가 크게 났어요! 돌아보니 아빠가 진공청소기를 켜고 거실 청소를 시작한 거예요. 그러자 아로는 청소기의 큰 소리에 놀랐는지 다시 접시 쪽에서 멀어져 버렸어요. 준하는 하필 이때 청소기를 켠 아빠를 이해할 수 없었어요.

"아빠! 아빠! 청소기 꺼!"
"응? 왜?"
"아빠가 청소기 돌려서 아로가 도로 들어갔잖아! 이제 막 밥 먹으러 나오려고 했는데! 아로 10계명에 보면 아로가 시끄러운 소리를 싫어한다고 되어 있다고!"
"뭐라고? 무슨 10계명?"
"아로 10계명! 아로를 위해서 지켜줘야 하는 거래!"
"허 참, 이제 고양이 때문에 청소도 못 하겠네. 털이 막 빠지니 청소를 더 해야 하는데, 또 시끄러운 걸 싫어해서 청소기를 돌리면 안 된다고?"

아빠는 청소기를 끄고 나서도 계속 투덜거렸습니다.

"나 원 참, 내 집인데 내 마음대로 청소도 못 하니, 이건 사람이 고양이를 키우는 게 아니라 고양이를 모시고 사는 거네."

고양이는 겁이 많고 예민한 동물이라 작은 일에도 잘 놀란답니다. 갑자기 큰 소리가 난다거나 사람이 갑자기 움직이면 깜짝 놀라 숨거나 도망치죠. 청소기 소리는 물론이고, 심하면 전화벨 소리나 재채기 소리에도 그럴 수 있어요.

준하는 다시 초조하게 소파 밑의 아로에게 온 신경을 기울였어요. 그러다 깜빡 졸기도 했지요.

이제 잘 시간이 됐어요. 준하는 엄마의 재촉에 방에 들어가면서도, 끝내 아로가 소파 밖으로 나오는 것을 못 보는 것이 아쉬웠어요.

드디어 온 집 안의 불이 꺼지고 어두워졌어요. 이 방 저 방에서 들리던 기척도 더 이상 안 들리고 고요해졌어요.

고양이는 익숙한 곳을 좋아해!

: 고양이는 대표적인 영역동물입니다. 익숙한 공간을 좋아하고 낯선 공간을 불편하게 여기죠. 고양이가 새 공간에 적응하는 데는 시간이 걸리는데 그 시간은 고양이마다 달라요. 적응하기 전에는 겁을 먹고 경계심을 드러냅니다. 그래서 소파나 침대 밑에 숨기도 해요.

새 공간에 적응하게 되면 더 이상 숨지 않고 돌아다닙니다. 그러니 고양이를 억지로 꺼내려 하지 말고 기다려주세요. 안 그러면 고양이는 겁을 먹고 더 움츠러들거든요.

생존 본능에서 비롯된 고양이의 경계심

: 고양이는 매사에 조심성이 많고 경계심이 강해요. 경계심이 없어지려면 시간이 걸리죠. 옛날부터 새겨진 생존 본능 때문이에요. 고양이가 다른 동물을 사냥하는 육식동물이긴 하지만, 몸집이 작아서 자기보다 큰 맹수를 만나면 그 맹수의 먹잇감이 되고 마니까요.

고양이는 맹수들을 피해서 해 질 무렵이나 동틀 무렵에 사냥에 나섰어요. 사냥할 때도 살며시 접근해서 순식간에 사냥하는 식이었지요.

고양이에게는 뭘 먹여야 할까?

: 고양이는 육식동물이라 고기나 생선을 먹어요. 따라서 사료도 고기나 생선을 주원료로 만들어집니다. '사료'는 동물에게 주는 먹이를 뜻하는 말이에요.

고양이 사료는 크게 건식사료와 습식사료로 나뉩니다. 건식사료는 사람이 먹는 시리얼과 비슷하게 생겼어요. 영양성분이 골고루 들어 있지만 수분이 거의 없어서 물을 충분히 먹어줘야 해요. 그 대신 잘 상하지 않는답니다. 습식사료는 수분이 적당히 들어 있는 음식의 형태입니다.

고양이가 물을 충분히 먹지 않을 때는 건식사료보다 습식사료를 먹이는 게 좋아요. 고양이들은 대체로 건식사료보다 습식사료를 좋아합니다.

고양이에게 먹이면 안 되는 것들

: 간혹 사람이 먹는 참치캔을 고양이에게 먹이는 경우가 있는데, 가공식품이다 보니 고양이 몸에 해로운 성분이 들어 있고 소금기도 많아서 안 먹이는 게 좋아요.

참치캔뿐만 아니에요. 사람이 먹는 음식은 대체로 열량이 높고 짠 편이라 고양이 몸에 해로워요. 특히 초콜릿이나 카페인이 들어간 음식, 포도, 양파, 마늘, 우유, 닭뼈 등은 절대 먹이면 안 됩니다. 고등어 같은 등푸른생선과 오징어, 게, 새우 등의 해산물도 마찬가지예요. 개 사료를 고양이에게 먹이는 것도 좋지 않습니다.

개는 잡식성이고 고양이는 육식성이라, 필요로 하는 영양성분이 다르기 때문이에요. 물론 어쩌다 한 두 번 먹이는 것은 큰 문제가 안 되지만 계속 먹이는 것은 피하는 게 좋아요.

3장

가장 듣고 싶은 노래, 골골송

어두운 가운데 시간이 한참 흘렀어요. 어둠 속에서 소파 아래 있는 아로의 두 눈이 슬프게 반짝거렸어요. 아로는 수지 이모가 보고 싶었어요. 한편으론 갑자기 자기를 이렇게 낯선 곳에 데려다 놓고 사라진 수지 이모가 원망스럽기도 했어요. 수지 이모가 자기를 두고 아주 가버린 것인지, 나중에 다시 찾으러 올 것인지 모르니 혼란스럽기도 했어요. 아로는 수지 이모와 살던 집으로 다시 돌아가고 싶었어요.

아로는 배고픔을 참지 못하고, 다시 소파 바깥쪽을 살펴봤어요. 사방이 컴컴하고 조용한 것을 보니 조심조심 행동해도 되겠다 싶었어요. 아로는 슬며시 접시 쪽으로 다가가 닭고기 냄새를 맡아보고 조금씩 먹기 시작했어요. 다 먹고 나서는 그릇에 있던 사료도 먹어 치우고, 물도 먹었어요. 그러자 기분이 좀 나아졌어요.

이제는 실내를 조심스럽게 둘러봤어요. 주방 쪽에도 살금살금 가 보고, 안방과 준하 방 쪽으로도 살금살금 가봤어요. 좀 더 용기를 내어 베란다에도 가 봤는데, 글쎄, 화장실이 놓여 있지 뭐예요? 안에 모래도 가득 들어 있고요. 아로는 그동안 참았던 볼일을 봤어요. 화장실 가고 싶은 것을 계속 참고 있었는데 시원하게 해결하니 기분이 한결 좋아졌어요.

아로는 이 집 사람들이 먹을 것을 챙겨주고 화장실까지

준비해놓은 것이 마음에 들었어요. 나쁜 사람들 같아 보이지는 않았어요. 아로는 이제부터 이 집에서 마음 붙이고 살아야 하는 건지 궁금했어요. 문득 졸음이 쏟아진 아로는 다시 소파 밑으로 들어가 눈을 붙이고 밀린 잠을 자기 시작했어요.

다음 날 아침이 됐어요. 준하가 눈을 뜨자마자 거실로 나와 보니 사료 그릇과 닭고기 접시가 비어 있고 물도 먹은 흔적이 있었어요. 준하는 너무 기뻐서 소리쳤어요.

"엄마, 아로가 밥을 먹었어!"
"그래, 정말 먹었더라!"
준하는 얼른 소파 밑을 들여다봤어요. 아로가 어떻게 하고 있는지 너무 궁금했거든요. 준하와 아로의 눈이 마주쳤어요. 아로는 더 이상 하악질을 하지 않았어요.

"엄마, 아로가 하악질도 안 해!"
"다행이네! 화장실에 볼일도 봤더라!"
"정말?"

준하는 아로 화장실로 달려갔어요. 갔더니 정말 영상에
서 봤던 대로 모래로 덮인 덩어리들이 있었어요.

"엄마! 아로가 화장실을 썼다는 건 밤에 베란다까지 나왔다는 거잖아? 오늘은 완전히 소파 밖으로 나오지 않을까? 그럼 정말 좋겠다!"

"그래, 조금만 더 기다리면 될 거 같아. 그리고 화장실은 꼭 매일매일 청소해줘야 해. 엄마가 시범을 보일 테니까 앞으로는 준하가 책임지고 청소해. 알았지?"

"응!"

엄마는 화장실 청소를 시작했어요.

"으악! 무슨 냄새가 이렇게 지독해!"

엄마는 아로의 대소변 냄새가 지독하다면서 마스크를 쓰고 청소했어요. 준하는 엄마가 화장실 삽으로 '감자'와 '맛동산' 캐는 것을 유심히 지켜봤어요.

아빠는 마치 탐정이 증거를 수집하듯이 집 안 곳곳에서 아로의 털을 주워서 들여다보며 심란한 얼굴로 말했어요.

"화장실이 있는 베란다만 간 게 아니야. 우리가 자는 동안에 여기저기 돌아다닌 게 분명해. 근데, 털이 정말 많이 빠지네. 으악! 벌써 내 옷에도 묻어 있잖아!"

아빠는 돌돌이(테이프 클리너)로 옷에 묻은 털을 떼어내기 바빴어요. 아빠는 이리저리 움직이는 엄마와 준하에게도 돌돌이를 들고 따라다니면서 옷에 대고 문질렀어요.

"자, 오늘도 닭고기로 다시 한번 아로의 마음을 두드려 볼까? 준하야, 아로 가져다주렴!"

준하는 엄마한테서 닭고기 접시를 받아 소파 앞에 가져다 놓았어요.
"아로야! 네가 좋아하는 닭고기야."

준하는 소파 밑으로 고개를 숙여
아로의 표정을 살폈어요. 아로는
어제보다는 긴장감이 덜해 보였
어요.
아로는 닭고기 냄새에 또 코를 심
하게 씰룩거렸어요. 뭔가 망
설이는 눈빛이었어요.

"아로야, 나와서 먹어. 그리고 앞으로 내가 네 화장실 청
소해줄게."

아로는 준하의 말에 호응이라도 하는 듯 몸을 조금 움직
였어요. 그리고 닭고기 접시를 향해 조심스럽게, 아주
조심스럽게 움직였어요. 어찌나 조심스러운지, 마치 결
혼식장에 입장하는 신부 같았어요.
그렇게 조심스럽게 다가오던 아로가 마침내 소파 밖으
로 얼굴을 내밀었어요! 숨어만
있던 아로가 드디어 밖
으로 나와 준하를 마
주한 순간이에요!

아로는 닭고기 냄새를 맡아 보더니 조금씩 먹기 시작했어요. 준하는 아로가 먹는 모습을 기쁜 마음으로 지켜봤어요. 준하의 엄마와 아빠는 그런 준하의 모습을 사랑스러운 눈길로 바라봤고요.

이제 아로는 준하 집에 조금씩 적응해가기 시작했어요. 사료도 곧잘 먹고 화장실도 잘 사용했어요. 집 곳곳을 돌아다니고, 틈틈이 누워서 그루밍도 했어요. 그루밍은 고양이가 혀로 핥거나 발톱으로 다듬어서 털을 관리하는 것을 말해요. 고양이는 그루밍을 통해 죽은 털을 정리하고 스트레스를 해소한답니다.

준하는 아로와 점점 더 친해졌어요. 그럴수록 준하가 매일 해야 하는 일도 같이 늘어났어요. 아로의 밥과 물을 챙겨주고, 화장실을 청소하고, 털을 빗질하는 것 외에 깃털을 흔들며 사냥놀이를 해주는 것도 중요한 일과가 되었어요. 준하는 매일 팔이 아플 정도로 깃털을 바꿔가며 아로 앞에서 흔들어댔어요. 그러면 아로는 정말 사냥이라도 하는 듯 깃털을 잡기 위해 이리 뛰고 저리 뛰곤 했어요. 마치 사람이 손을 쓰는 것처럼 앞발로 깃털을 잡으려 하기도 하고요. 이럴 때 보면 고양이는 정말 타고난 사냥꾼 같아요.

사냥놀이를 하고 나면 아로는 그루밍을 좀 하다가 어느새 몸을 웅크리고 잠들곤 합니다. 사실 아로는 깨어 있는 시간보다 잠자는 시간이 훨씬 길어요. 준하가 아로와 놀고 싶어 집에 서둘러 와도 아로는 자고 있을 때가 많지요.

"아로는 정말 잠꾸러기야. 맨날 자고 있어."
"호호. 고양이가 원래 잠이 많단다."

고양이는 일생의 3분의 2를 잠자는 데 쓰는 소문난 잠꾸

러기입니다. 하루에 평균 14시간 이상 자는데, 새끼고양
이는 더 오래 자요. 하루에 거의 20시간을 잡니다. 새끼
고양이는 놀다가 갑자기 잠들기도 하니, 상상만 해봐도
정말 귀엽죠?

아 참, 준하가 아로에게 매일 해줘야 하는 게 하나 더 있
어요. 바로 양치질이에요. 아로 10계명의 네 번째이기도
하죠. 그런데 아로 10계명 중에서 어쩌면 가장 어려운
과제예요. 아로가 얼굴을 이리저리 돌리면서 피해 버리
거든요. 안쪽에 있는 어금니와 날카로운 송곳니까지 치
카치카 잘 닦아 줘야 하는데 말이죠.

"아로야, 가만히 있어! 얼굴 돌리지 말고! 이 안 닦으면
충치 생긴단 말이야! 치과 가면 얼마나 아픈지 알아? 나
는 세상에서 치과 가는 게 제일 싫더라! 그러니까 얌전
히 양치질하자, 응?"

준하가 아무리 달래봐도 소용없어요. 준하가 칫솔 있는
쪽으로 가는 것 같으면 아로는 눈치 빠르게 벌써 달아나
고 없어요.

"엄마, 아로 양치질해주는 게 제일 힘들어!"
"그렇지? 그렇다고 안 해줄 수도 없고···.
방법을 찾아보자."

엄마와 준하는 '정보의 바다'인 인터넷을 열심히 뒤졌습
니다. 그 결과, 아쉽지만 해결책을 찾아냈어요. 칫솔에
치약을 묻혀 이빨을 꼼꼼히 닦아주는 것이 제일 좋지만,
그게 정 힘들면, 치석 제거 효과가 있는 치약을 이빨에
묻혀주는 것만으로도 도움이 된다는 걸 알게 됐어요.

치약만 이빨에 묻히는 걸로 겨우 양치질을 끝내자 아로
는 품에서 벗어나 멀찍이 가서 누웠어요. 준하는 가만히
다가가 아로의 몸에 빗질을 해줬어요. 그러자 아로가 그
르렁거리는 소리를 냈어요. 크지는 않지만 고양이 목에
서 자그마한 울림 같은 게 느껴지는 소리였어요. 준하는
아로가 어디 아픈 게 아닌지 걱정되었는데, 엄마가 고양
이가 기분 좋을 때 내는 소리라면서 '골골송'이라고 알려
줬어요. 주로 고양이가 만족스러울 때 내는 소리이기 때
문에 노래(song)에 비유하는 거랍니다.

냥냥냥 고양이 학교

고양이는 깔끔한 멋쟁이!

: 그루밍은 고양이가 수시로 하는 중요한 행동입니다. 고양이 혀에는 작은 돌기가 많이 나 있어서 까끌까끌한 느낌을 주는데, 이 돌기들은 엉킨 털을 정리하는 그루밍에 안성맞춤이에요.

하지만 그루밍만으로는 죽은 털이 완전히 없어지지 않아요. 고양이는 그루밍을 하다가 혀에 붙은 털을 삼키기도 해요. 털은 소화가 안 되기 때문에 배설되거나 입으로 뱉어내게 됩니다. 이때 고양이가 뱉어내는 털 뭉치를 헤어볼이라고 해요.

고양이의 몸을 자주, 섬세하게 빗질해주면 죽은 털을 미리 없애 헤어볼을 줄일 수 있고 털 날림도 예방할 수 있어요. 고양이 털 관리의 기본은 빗질입니다.

사냥놀이로 사냥 기분 내주기

: 고양이는 원래 야생에서 작은 동물을 사냥하며 살았어요. 그리고 야생성과 사냥 본능이 아직 남아 있어요. 이런 사냥 본능을 해소해주고 운동을 시켜주기 위해 장난감으로 사냥 놀이를 해주는 게 필요해요. 이는 고양이와 친해지는 데도 효과적이에요. 안 그러면 고양이가 심심함을 느껴서 스트레스를 받을 수 있고, 심하면 우울증에 걸릴 수도 있어요.

사냥놀이 시간은 하루에 30분~1시간

정도면 됩니다.

고양이도 매일매일 치카치카!

: 사람도 치아 관리를 위해 꾸준히 양치해야 하듯이 고양이도 마찬가지입니다. 안 그러면 고양이도 사람처럼 치석이 생기고 충치 등 치과 질환으로 진행될 수 있어요. 이를 예방하려면 하루에 한 번 이상 양치질을 해줘야 해요.

하지만 양치질을 좋아하는 고양이는 거의 없죠. 가능하다면 새끼고양이 때부터 익숙해지도록 해서 습관을 들이는 게 좋아요. 사람처럼 치약과 칫솔을 다 사용하는 게 원칙이지만 칫솔질을 싫어하는 고양이가 많으니 발라주기만 해도 치석(치태) 제거 효과가 있는 치약을 쓰기도 합니다. 건식사료를 먹는 고양이는 물론이고 습식사료를 먹는 고양이라면 양치질을 더 철저하게 해야 해요.

고양이의 애창곡 골골송

: 고양이도 감정을 여러 가지 방식으로 표현합니다. 대표적인 것이 골골송입니다. 일반적으로는 보호자의 보살핌을 받고 편안함을 느낄 때 내는 것으로 알려져 있지만 꼭 그런 것은 아니에요. 아플 때 그르렁 소리를 내는 경우도 있으니 잘 살펴봐야 해요.

또, 어미고양이가 새끼를 낳을 때도 그르렁 소리를 낸다고 해요. 골골송을 부르면서 새끼 낳는 고통을 견디고, 아직 눈을 못 뜬 새끼와 의사소통을 하는 거죠.

4장

억지로 목욕시켜서 미안해!

아로는 날마다 조금씩 더 활발해졌어요. 준하 집을 자기의 새로운 영역으로 여기고 적응하는 거죠. 아로는 준하 앞에서 배를 내보이고 발라당 누워 있곤 해요.

고양이가 배를 드러내고 눕는 '발라당' 자세는 그 사람을 완전히 믿을 때 하는 행동이에요. 배 안에 중요한 신체 기관들이 있어서 고양이는 배를 잘 보여주지 않거든요. 배를 보여준다는 것은 그만큼 편하고 안정감을 느낀다는 뜻이랍니다. 하지만 배를 만져달라는 뜻은 아니니 만지지는 말아야 해요.

물론 아로 덕분에 모든 것이 좋기만 한 것은 아니었어
요. 아로로 인해서 겪는 불편이 제법 있었어요. 특히 아
빠와 엄마는 아로의 털과 모래 때문에 아주 골머리를 앓
았어요.

"청소기를 계속 돌려도 털이 끊임없이 나오네. 그리고
더 심각한 거는 모래야! 모래가 계속 발에 밟혀. 화장실
주변을 계속 청소해도 똑같아. 대체 왜 그런 거지?"
"고양이가 화장실을 쓰면서 발에 낀 모래가 빠지는 거
래. 오죽하면 '사막화' 현상이라는 말이 있겠어. 고양이
를 키우면 집이 모래 천지가 된다는 말이지."

"정말 그러네. 집이 사막처럼 된다는 거잖아. 아로가 우
리 집에 얼마나 더 있어야 되지? 언제 데려간대? 이건

뭐, 고양이 집에 사람이 얹혀사는 거 같아."

아빠는 아로로 인해 불편을 겪는 것이 못마땅한지 투덜거렸어요. 준하는 행여나 아빠가 아로를 싫어할까 봐 불안했어요. 하지만 아로는 그런 아빠의 마음을 아는지 모르는지, 아빠 앞에 드러누워 태평스럽게 자기 몸을 그루밍했어요. 그러더니 아빠 발에도 그루밍을 하기 시작했어요. 그러자 아빠가 간지럽다는 듯이 웃기 시작했어요.

"헤헤. 이 녀석이 내 발도 핥네. 헤헤. 간지러워. 근데 혓바닥에 뭐가 나 있는지 까끌까끌해. 그 느낌이 나쁘지 않은데? 헤헤."

고양이는 주로 자기 몸을 그루밍하지만 다른 대상에게 해주기도 합니다. 고양이끼리 서로 그루밍을 해주는 것은 사이가 좋다는 의미에요. 고양이가 사람을 그루밍해

주는 것도 마찬가지예요. 고양이가 잘 모르는 사람에게
그루밍을 해주는 것은 싸울 생각이 없다는 표현이고, 보
호자에게 그루밍을 해주는 것은 좋아하고 믿는다는 표
현입니다. 이렇게 고양이는 그루밍을 통해 친밀감을 표
현하는 거죠.

이제 아로는 집 곳곳을 돌아다니는 중이에요. 그러다 기
어이 사고를 치고 말았어요. 베란다에 안 쓰는 물건을
쌓아둔 공간이 있는데, 거기 들어간 거예요. 아로가 안

보여서 어디 있나 봤더니, 거기 들어가 있었던 거예요.
문제는, 그곳이 자주 청소하는 곳이 아니다 보니 먼지가
제법 있다는 거죠. 이를 안 아빠는 아로가 먼지를 뒤집
어썼을 거라면서 빨리 목욕시키자고 재촉했어요.

"개 키우는 집들은 매일 목욕을 시키던데, 고양이는 왜
안 시켜?"
"고양이는 목욕 안 해도 된대. 물을 싫어하는 동물이기
도 하고. 자기가 스스로 그루밍을 하잖아. 목욕 대신 털
을 빗질해주는 걸로 충분하대."
"그래도 이렇게 먼지를 뒤집어썼으면 씻겨야지. 그 먼지
가 다 우리 코와 입으로 들어올 거 아냐?"

엄마는 어쩔 줄 몰라 했어요. 아로 10계명에는 물을 싫
어한다고 되어 있거든요. 준하도 아로가 물
을 싫어하는 걸 알기 때문에 걱정

69

이 됐어요. 하지만 아빠의 성화에 못 이겨 엄마는 아로를 목욕시킬 준비를 했어요. 고양이 목욕에 관한 영상도 찾아서 보고, 욕조와 고양이 샴푸 등도 준비했어요.
드디어 아로가 잡혀서 욕조에 들어왔어요.

휴~ 아로를 목욕시키는 것은 전쟁과 다름이 없었어요.
"엥!"(푸드덕 푸드덕)
"아로야! 아로야! 조금만! 조금만!"
"엥!"(푸드덕 푸드덕)

아빠의 팔은 아로의 발톱 자국으로 상처투성이가 되었고 아빠의 옷은 아로의 털이 다 묻어서 털옷처럼 변해버렸어요. 욕실도 엉망이 됐고요.
목욕을 '당한' 아로는 아로대로, 젖은 털이 찰싹 붙은 불쌍한 모습이었어요. 엄마는 빠져나가려는 아로를 겨우 붙잡고 드라이어로 털을 말리기 시작했어요. 고양이는

겉털과 속털까지 다 말려야 해서 말리는 데도 시간이 한
참 걸렸어요. 준하는 아로가 좋아하는 츄르로 아로를 달
랬어요. 준하는 아로가 이토록 싫어하는 목욕을 강제로
시킨 것이 미안했어요.

털 말리기까지 끝난 아로가 마침내 놓여났어요. 그러자
아로는 스트레스를 받았는지 거실로 냅다 달려가더니
소파를 마구 할퀴었어요. 아로가 그때까
지 뭘 할퀴는 것을 본 적이 없던 준하 가
족은 모두 놀랐어요. 엄마는 아로가 싫어
하는 큰 소리를 내며 아로를 말렸어요.
아빠도 아무런 생각을
하지 못하는 듯 멍한
표정이 됐어요.

"어머, 아로야! 그만해!"
"으윽, 이 소파가 얼마짜리인데….”

아로는 목욕으로 받은 스트레스를 푸는 중이랍니다. 고양이가 발톱으로 뭔가를 긁고 할퀴는 스크래칭은 발톱을 손질하는 행동일 수도 있지만 스트레스를 푸는 행동일 수도 있거든요.

"정말 동물 키우는 것이 쉽지 않네."

"그러게 말이야. 한 마리도 이렇게 힘든데 여러 마리 키우는 사람들은 대체 어떻게 감당하는 거지? 정말 대단들 해!"

고양이는 왜 물을 싫어할까?

: 보통 고양이는 물 근처에도 가지 않으려 하고, 물에 조금만 닿아도 예민하게 반응합니다. 고양이가 사막에서 온 동물이라 물에 익숙하지 않기 때문이에요. 사막은 물이 거의 없는, 덥고 건조한 지역입니다.

또, 털이 물에 젖으면 몸놀림이 둔해져서 천적이 공격해올 때 빨리 피하기 어렵거든요. 털이 물에 젖으면 체온이 내려가는데 이는 고양이가 아주 두려워하는 거랍니다.

고양이는 냄새로 영역을 표시하는데 물이 몸에 닿으면 냄새가 사라져서 영역을 표시하기도 어려워지죠. 이처럼 털이 젖으면 여러모로 불리하니 물을 싫어하는 거예요.

고양이 목욕시키기 대작전

: 사실 고양이는 스스로 그루밍으로 털을 관리하고 (집고양이의 경우) 바깥 외출도 하지 않기 때문에 몸도 깨끗하고 냄새도 안 나는 편이에요. 따라서 목욕을 반드시 시켜야 하는 건 아니랍니다.

하지만 털에 대소변이나 이물질이 묻었을 때는 목욕을 해야겠죠? 몇 가지만 기억하면 고양이 목욕을 좀 더 쉽게 시킬 수 있어요.

먼저 목욕할 공간을 따뜻하게 만들어주세요. 물에 젖으면 체온이 내려가기 때문에 실내 온도를 미리 높여주는 거예요. 또, 샤워기에서 나는 물소리에 겁을 더 먹을 수 있으니 물을 미리 받아두고 수건을 물에 적셔서 닦아내는 식으로 목욕을 시켜주세요.

그리고 이왕이면 고양이가 어릴 때부터 물에 익숙해지고 물과 친해질 수 있는 기회를 만들어주세요. 다 큰 다음에는 훈련을 해도 효과가 별로 없답니다.

발톱을 감추고 있는 귀여운 발

: 고양이의 발은 귀엽고 앙증맞지만, 그 안에는 날카로운 발톱이 숨겨져 있으니 조심해야 해요. 고양이의 발톱은 앞발에 다섯 개, 뒷발에 네 개가 있어요. 고양이에게 발톱은 자신을 지키는 무기도 되지만, 공간을 오르내릴 때와 영역을 표시할 때도 쓰입니다.

사람처럼 고양이도 발톱이 자라나는데, 너무 길면 좋지 않으니 주기적으로 깎아줘야 해요. 고양이들은 발톱 깎는 것을 싫어하니, 츄르 등을 주면서 발톱 깎기에 거부감이 덜 들도록 해주세요.

5장

집주인이 사람인가? 고양이인가?

"어머, 아로야! 당장 내려와! 거기 올라가면 어떡해!"

오늘 엄마는 아로가 싫어하는 큰 소리를 또 내고 말았습니다. 아로가 식탁 위에 올라가 앉아 있었거든요. 엄마는 아로가 아무리 예쁘고 사랑스러워도 음식과 그릇이 놓이는 자리에 올라가는 것은 안 된다고 했어요.

엄마는 바로 아로를 들어서 내려놨어요. 하지만 아로는 식탁이 마음에 드는지 나중에 또 올라갔어요. 엄마는 고양이가 식탁에 못 올라가게 하는 방법을 알아내서 실행에 옮겼어요. 끈끈한 스티커를 식탁에 붙여놓아 아로가 스스로 포기하게 한 거죠.

사실 아로는 식탁뿐만 아니라 책꽂이에도 올라가고 선반에도 올라가고… 아무튼 올라갈 수 있는 곳에는 다 올라가요. 어떨 때는 좀 위험한 곳에 올라갈 때도 있어요. 아로가 유별나서가 아니라, 고양이라는 동물이 원래 높은 곳에 올라가는 것을 좋아해서 그런 거죠. 엄마는 틈만 나면 높은 곳에 올라가는 아로를 보다 못해 결심했어요.

아로를 위해 캣타워를 놓기로요. 엄마와 준하는 중고 거래 사이트에 올라온 캣타워를 열심히 살펴보았어요.

이때 현관문의 비밀번호를 누르는 소리가 들렸어요. 아빠가 퇴근해서 온 거예요. 그러자 아로가 기지개를 쭉 켜더니 현관 앞으로 사뿐사뿐 걸어갔어요. 그리고 아빠의 다리 사이를 오가면서 머리를 비비기 시작했어요. 그런데 오늘따라 아빠의 손에 큰 물건이 들려 있지 뭐예요?

"어, 아로 이 녀석, 지금 나한테 인사하는 건가? 오늘 내가 자기 물건 사온 걸 알고 이러나? 신기하네?"
"아빠, 그게 뭐야?"
"엉, 스크래처라는 건데, 집에 고양이가 있으면 스크래처가 하나 있어야 한대. 아로가 소파 더 망가뜨리기 전에 대책을 세워야지."

아빠가 사온 것은 스크래처였어요. 스크래처는 고양이가 발톱으로 마음껏 긁고 할퀼 수 있도록 만들어진 물건이에요. 아로는 이리저리 스크래처의 냄새를 맡아 보더니 신나게 발톱으로 긁기 시작했어요. 수지 이모 집에서도 스크래처를 써봐서 바로 적응한 거예요.

그런데 아로가 아빠 다리에 머리를 비비면서 인사한 건 오늘 처음 있는 일이에요. 고양이는 상대방에게 몸을 비벼 냄새를 묻혀서 친밀감을 표현해요. 상대방에게 머리를 부딪히는 '헤드 번팅'도 비슷한 행동이고요. 자기 냄새를 묻혀서 일종의 영역 표시를 하는 셈이죠.
며칠간 중고 거래 사이트를 들락거리던 엄마가 드디어 '새 것 같은 중고'인데 가격은 저렴한 캣타워를 발견했어요.

야호! 드디어 우리 집에도 캣타워가 생겼어요! 아로는 자기 물건인 줄 어떻게 알았는지 냉큼 올라갔어요. 아로가 캣타워에서 잘 노는 모습을 보자 엄마와 준하는 흐뭇했어요. 근데 아빠는 생각이 좀 다른가 봐요.

"당신, 아로 녀석이 캣타워에 올라가서 아래를 내려다보는 표정 봤어? 꼭 자기가 집주인 같아. 웃겨 죽겠다니까!"

"그러게! 고양이가 정말 볼수록 매력 있는 동물 같지 않아? 사람들이 왜 그렇게 고양이 고양이 하는지 알 거 같아."

"매력까지는 잘 모르겠고, 아무튼 보고 있으면 재미있긴 해. 털과 모래 때문에 골치는 아프지만. 근데 우리가 계속 키울 것도 아닌데 캣타워는 왜 샀어? 자리만 차지하게."

"일단 잘 쓰니까 좋잖아! 그때 가서 다시 중고로 팔면 되지!"

"그런가?"

84

아빠는 머쓱해졌는지 머리를 긁적였어요.

스크래처에 캣타워까지, 어느새 집이 아로의 물건들로
채워지고 있었어요. 그뿐만 아니에요. 아로가 잘 먹고
잘 자고 잘 싸고 잘 놀 수 있도록 보살피는 것이 준하 가족의 중요한 관심사가 되었어요. 정말 아빠의 말처럼 아로가 이 집의 주인이 된 것 같기도 해요. 근데 중요한 것은, 아무도 억지로 시키지 않았다는 거!

사랑은 받는 기쁨보다 주는 기쁨이 더 크다는 말이 있어요. 준하 가족은 아로와 지내면서 그 말의 참뜻을 실감하고 있어요. 동물들은 체면 같은 것을 따지지 않기 때문에 꾸밈없는 모습, 있는 그대로의 모습을 보여줍니다. 그 모습이 사랑스럽기도 하고 귀엽기도 하고 때로는 웃음을 자아내기도 하죠. 하지만 사람만 동물을 사랑하는 것이 아닙니다. 동물도 사람을 좋아하고 애착을 느끼며 표현도 합니다.

지금 아빠는 거실 소파에 누워 TV를 보고 있어요. 오늘도 아로는 자기 몸을 그루밍하다가 아빠의 발을 그루밍했어요. 그러자 아빠는 또 간지러운지 헤헤 웃습니다.

"앗, 이 녀석이 또 내 발을…. 헤헤."

아빠는 확실히 그루밍에 약해요. 아로가 아빠를 그루밍
해줄 때면 아빠는 헤벌쭉 좋아하는 표정이 됩니다.
게다가 아로는 아빠에게 '꾹꾹이'까지 했어요. 고양이가
사람의 몸을 두 발로 꾹꾹 누르는 행동을 '꾹꾹이'라고
해요. 꾹꾹이는 새끼 때 어미 젖이 더 잘 나오게 하려고
어미 배를 누르던 행동이에요. 그래서 고양이가 꾹꾹이
를 한다는 것은 상대를 어미처럼 믿는다는 것이고, 마음
이 편안하다는 뜻입니다.

"어유, 시원하다! 살다 살다 고양이한테 안마를
다 받아 보네. 기특한 고
양이 같으니라고."

아빠는 소파에서 TV를 보다 잠들었어요. 아로는 이때를
놓칠세라 아빠 배에 올라갔어요. 아빠가 숨 쉴
때마다 오르락내리락 배가 움직이니 아로도
솔솔 잠이 오기 시작했어요. 소파에서 자
는 아빠, 그 배 위에서 자는 아로. 준하
와 엄마는 이 광경을 보자 웃음이 절로
나왔어요.

89

고양이는 높은 곳을 좋아해

: 고양이는 야생에서 혼자 사냥하는 육식동물이었어요. 야생 시절의 고양이는 나무 위 같은 데서 지냈습니다. 천적의 공격을 피할 수 있고, 사냥감을 찾는 데도 좋고, 잠을 자거나 쉴 수도 있기 때문이죠. 그 후손들인 집고양이들도 의자며 책상, 식탁, 책장, 냉장고 등 높은 곳에 올라가곤 합니다. 쉬면서 아래를 관찰하고, 위협을 느낄 때 피하기 좋기 때문이에요. 그래서 집고양이에게는 위로 올라갈 수 있는 캣타워, 캣폴, 캣선반 등을 다양하게 갖춰주는 것이 중요합니다.

고양이는 사랑스러운 방해꾼

: 고양이를 도도하고 냉정한 동물로 생각하는 것은 고양이로서는 좀 억울한 일이에요. 고양이도 보호자와 같이 있고 싶어 하고, 그런 감정을 행동으로 표현해요.

또, 고양이도 개처럼 사람의 관심과 사랑을 원한답니다. 관심을 끌기 위해 옆에서 계속 바라보기도 하고, 주변을 돌아다니며 소리를 내기도 하고, 물건을 일부러 떨어뜨리기도 해요. 보호자가 휴대폰을 들여다보거나 컴퓨터를 하고 있을 때는 휴대폰 위에 앉거나 컴퓨터 모니터를 가리기도 합니다. 사랑스러운 방해꾼인 셈이지요.

물론 고양이에 따라 차이는 있어요. 이처럼 사람을 좋아하고 따르지만, 자기가 싫어하는 행동을 사람이 억지로 하면 그 사람을 피합니다. 특히 사람이 억지로 껴안는다거나 강제로 옷을 입힌다든지 하는 걸 싫어해요. 독립성이 강한 동물이거든요. 고양이가 싫어하는 기색을 보이면 바로 행동을 그만두는 게 좋아요.

고양이가 친밀감을 표현하는 몸짓들

: 고양이가 호감과 친밀감을 표현하는 행동에는 배를 드러내고 눕는 '발라당' 말고도 여러 가지가 있어요.

꼬리를 일자로 높이 세우거나 사람 다리에 얼굴 또는 엉덩이를 비비기도 해요. 엉덩이를 사람을 향하게 하는 것도 비슷한 뜻입니다. 동물의 입장에서 몸의 뒤쪽은 다른 동물로부터 공격받기 쉬운 부위예요. 그래서 야생의 동물들은 대부분 자

기 몸의 뒤쪽을 상대에게 보이지 않으려고 합니다. 집고양이도 마찬가지예요. 그런 고양이가 몸의 뒤쪽을 상대에게 향한다는 것은 상대방을 완전히 믿는다는 뜻입니다.

꾹꾹이도 마찬가지예요. 어미와 헤어져 바로 사람 손에 큰 고양이가 사람을 어미로 여기는 거죠.

하지만 꾹꾹이를 안 한다고 해서 애정이 없는 것은 아니에요. 어미로부터 제대로 독립한 고양이는 꾹꾹이를 잘 하지 않고 몸을 비비는 식으로 애정을 표현하기도 해요.

고양이가 눈을 바라보며 눈을 천천히 감았다 뜨는 눈키스도 호감과 믿음의 표현이자 싸울 의사가 없다는 표현입니다. 보호자와 고양이는 서로 눈키스를 주고받으며 교감할 수 있습니다. 하지만 고양이 눈을 너무 빤히 쳐다보면 고양이가 오해할 수 있으니 조심해야 해요. 고양이들끼리는 눈을 빤히 쳐다보는 것이 싸움을 거는 것으로 여겨지기 때문입니다.

6장

우리 아빠가 달라졌어요!

아로를 보는 아빠의 눈빛과 표정도 조금씩 달라지기 시작했어요. 어느새 친해진 아로와 아빠.

아빠가 소파에 앉아 있으면 아로는 아빠 옆에 찰싹 붙어 있습니다. 아빠 몸에 발을 얹기도 하고 턱을 괴기도 해요. 고양이 털을 싫어하는 아빠는 난감해하면서도 아로를 내치지 않고 그대로 둡니다. 아로가 스스로 움직일 때까지 꼼짝하지 않고 기다려주는 거죠. 준하는 그런 아빠가 잘 이해되지 않았습니다.

"아빠, 아빠도 아로 좋아?"

"응."

"진짜? 아로 털이랑 모래 때문에 싫어하지 않았어?"

"싫어하긴! 아니야. 단지, 불편한 게 좀 있는 거지."

"아로가 아빠를 많이 좋아하는 거 같아."

"그치? 내가 봐도 녀석이 요즘 나를 좀 따르는 거 같더라. 하지만 아로한테는 누가 뭐래도 우리 준하가 제일가는 친구지. 아로랑 있는 동안 좋은 추억 많이 만들자, 알았지?"

"응!"

오늘도 아빠는 퇴근길에 뭔가를 사왔어요.

"츄르 사왔네? 집에 많은데 또 사왔어?"

"집에 있는 거랑 다른 거야. 이것저것 다양하게 먹게 해 줘야지. 늘 먹던 거만 주면 질릴 거 아냐. 고양이한테도

미식의 세계를 알려주자고!"

"아빠, 이건 뭐야?"

"응, 그건 빗자루와 쓰레받기야."

"진공청소기 있는데 이런 건 또 왜 샀어?"

"아로가 진공청소기만 틀면 겁먹고 도망가잖아. 아로의
섬세한 신경을 보호해주자고."

"어머 진짜? 아로가 이런 당신 마음을 알면 감
동하겠는데? 당신도 아로의 매력에 푹 빠졌
구려? 호호."

"매력에 빠지긴 뭘."

아빠는 왠지 쑥스러워하는 것 같았어요.

아로도 아빠의 퇴근이 반가운지 아빠 앞에 배를 드러내고 발라당 누워서 아빠를 바라봤어요. 아빠도 아로를 귀엽다는 듯이 보며 아로의 머리를 쓰다듬어줬어요. 아빠의 눈동자에 언뜻 하트(♥)가 보이는 것 같았어요.

이제 아빠는 옷에 털이 묻어 있어도 별말 없이 조용히 떼어냅니다. 죽은 털을 미리 골라내야 한다면서 빗질도 열심히 해주고 있어요. 진공청소기도 어쩌다 한 번 쓰는 수준이고 대신에 빗자루로 수시로 청소합니다. 아로가 소파 한가운데를 차지하고 있어도 전에는 아로를 내려보냈는데 이제는 그대로 둔답니다.
가장 놀라운 것은 아빠가 아로에게 말을 걸기 시작했다는 거예요.

"아로, 밥 먹었냥?"
"아로, 잘 잤냥?"

아빠가 처음에 아로의 털과 모래 때문에 투덜댔던 것을 생각하면 정말 큰 변화가 일어난 거예요.
아빠는 준하와 함께 아로의 사냥놀이에도 열심이에요.

"아로야, 이제부터 나랑 놀까냥? 자, 각오해라냥!"

아빠는 집고양이는 에너지를 많이 쓰게 해야 한다며 열심히 깃털을 휘둘렀어요. 아로는 아빠를 따라 이리저리 뛰어다니며 신나게 놀았어요.
아빠는 내친김에 아로를 데리고 밖에 나가 산책시키고 싶어 했어요.

"강아지 키우는 사람들 보면 하루에 한 번은 꼭 산책시키던데, 아로도 가끔 데리고 나가는 게 어때?"
"큰일 날 소리! 고양이는 산책 절대 안 돼! 데리고 나가는 순간 끝장이라고!"

"엄마, 왜? 왜 안 돼?"

"집에서 키운 고양이는 집이 자기 영역이라고 생각해.
집 밖에 나가면 불안하고 무서워서 도망쳐버릴 수 있어.
그러면 찾기 힘들어."

"도망쳐서 어디로 가?"

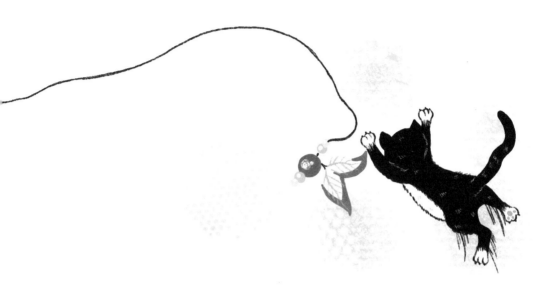

"어디로든 가겠지. 가다가 길고양이들을 만나서 괴롭힘
을 당할 수도 있고, 교통사고를 당할 수도 있고, 음식쓰
레기 같은 걸 먹고 병들 수도 있어."

"으악, 안 돼! 그러면 아로가 너무 불쌍해!"

"길고양이들과 어울려 살 수도 있겠지만…. 사람 손에서 곱게 자란 집고양이는 길고양이들 사이에서 살아남기 어려워."

묵묵히 듣고 있던 아빠가 아로에게 말합니다.

"아로야, 너한테 바깥바람 좀 쏘이게 해주고 싶은데, 그게 꼭 너를 위하는 길이 아닐 수도 있구나. 외출과 산책은 포기할게. 대신에 사냥놀이 더 열심히 해서 뚱냥이는 되지 말자! 뚱냥이가 되면 오래 못 산다니 말이야. 알았지?"

아로는 아빠의 말을 알아듣기라도 한 것처럼 아빠의 발을 그루밍했어요. 아빠는 또 헤벌쭉한 표정으로 웃었어요.

"헤헤, 간지러워! 헤헤."

103

냥냥냥 고양이 학교

고양이는 어디를 만져주면 좋아할까?

: 고양이는 사람이 만져주면 좋아하는 부위도 있고 싫어하는 부위도 있습니다. 일반적으로 턱 밑, 귀, 얼굴, 머리 등을 만져주면 좋아하고 배, 꼬리, 발 등은 싫어합니다. 좋아하는 부위는 주로 고양이가 그루밍을 하기 어려운 곳이고, 싫어하는 부위는 중요한 기관이 있거나 신경이 많이 분포된 곳입니다.

고양이가 싫어하는데도 억지로 만지면 깨물거나 할퀼 수 있으니 조심해야 해요.

104

고양이도 다이어트가 필요해!

: 집고양이는 살이 쉽게 찌는 편입니다. 실내에서만 활동하고 사냥도 할 필요가 없기 때문에 운동 부족으로 체중이 쉽게 늘기 때문이죠. 고양이의 비만을 예방하려면 사료를 다이어트용으로 바꾸고, 일정한 시간에 규칙적으로 먹도록 하면서 사료의 양을 줄이고 간식도 줄이는 게 좋아요.

하지만 양을 갑자기 줄이거나 사료를 갑자기 바꾸면 스트레스를 받을 수 있으니 적응 기간을 충분히 둬야 해요. 또한 장난감으로 흥미를 유발해 많이 움직이도록 해야 합니다.

고양이는 '집콕' 동물!

: 고양이는 영역동물이다 보니 익숙한 환경에 있을 때 안정감을 느낍니다. 그래서 환경이 바뀌는 것이나 밖에 나가는 것을 싫어해요.

외출을 좋아하는 고양이도 있긴 하지만 매우 드물어요. 공원에서 산책하는 고양이를 보기 어려운 이유죠. 고양이를 데리고 여행을 가는 것도 거의 불가능해요. 고양이는 개와 달리 사람이 품에 안고 데리고 다닐 수 없거든요.

익숙한 공간을 벗어나면 긴장해서 작은 자극에도 놀라 도망갈 수 있어요. 고양이는 몸이 유연하고 몸놀림이 빨라서 좁은 틈에도 잘 들어가 숨어버립니다. 그런 고양이를 되찾는 것은 거의 불가능하죠. 따라서 집을 벗어나 외부로 나갈 때는 반드시 이동장을 이용해야 해요. 이동장은 늘 쓰는 물건은 아니지만, 병원 진료 등 꼭 나가야 할 때를 대비해서 미리 준비해놔야 합니다.

7장

고양이와 살고 싶어!

어느새 한 달이 지났어요. 내일은 이모가 아로를 데리러 오는 날이에요. 마침내 이별의 순간이 다가온 거예요. 준하는 아로와 헤어지는 게 아쉬워서 며칠 전부터 계속 울적했어요. 준하는 이모한테 아로를 계속 키우게 해달라고 하자고 엄마를 졸랐어요.

"준하야, 엄마도 같은 마음이야. 아로가 너무 귀엽고 예뻐. 하지만 이모 입장에서 생각해 봐. 한 달 키운 우리가

이런데 몇 년을 키운 이모는 어떻겠어?"

"이모는 다른 고양이 또 키우면 되잖아."

"글쎄, 얘기는 해볼 건데, 기대는 하지 말자. 응?"

그날 밤, 준하는 아로를 꼭 끌어안고 잠들었어요. 엄마와 아빠는 안쓰러운 표정으로 이 모습을 바라봤어요. 다음날 아빠는 출근하면서 아로를 오래오래 쓰다듬어줬어요. 그러면서 이렇게 말했어요.

"아로야, 너, 털 많이 빠지고 모래 뿌리고 다닌다고 내가 처음에 구박했는데, 다 잊어라. 알았지? 네가 미워서 그런 건 아니니까. 함께 있는 동안 즐거웠다! 잘 가라냥!"

딩동! 벨이 울리고 인터폰 화면에 이모의 얼굴이 비칩니다. 이모는 선물을 한가득 안고 왔어요. 이모는 콧소리를 내면서 아로를 껴안고 호들갑스럽게 인사했어요.

"아유, 우리 아로, 그동안 잘 있었엉? 엄마 안 보고 싶었엉?"

아로는 이모에게 코를 가까이 대고 냄새를 맡고, 이모 다리 주위를 빙글빙글 돌고 얼굴을 비비며 자기 냄새를 묻혔어요. 얼굴에 선명하게 표정으로 드러나지 않고 별다른 소리를 내진 않지만, 이모와 다시 만난 것을 기뻐하는 모습이었어요. 준하는 아로와 같이 지내면서 고양이가 감정을 어떻게 표현하는지 알게 되었거든요. 고양이는 표정이 다양하지 않아요. 웃지도 않고 울지도 않는 모습이죠. 어떻게 보면 늘 시큰둥한 것 같기도 하고요. 그건 고양이가 감정을 못 느껴서가 아니라, 얼굴 근육이 세밀하게 발달되어 있지 않기 때문이에요.

"아로야, 잘 가!"

아로는 떠났어요. 올 때 갇혀서 왔던 그 이동장에 다시 갇혀서 떠났어요.
준하는 아로가 떠나자마자 벌써 아로가 보고 싶어졌어

요. 준하는 엄마와 함께 아로의 사진과 영상을 보면서 아로와의 추억을 떠올렸어요.

소파 밑에 숨은 아로, 닭고기 먹는 아로, 그루밍 하는 아로, 잠자는 아로, 발라당 하는 아로, 꾹꾹이 하는 아로, 사냥놀이 하는 아로, 스크래칭 하는 아로, 캣타워에 올라간 아로, 이동장에 갇힌 아로….

113

그 모습도 생생하고 감촉도 생생했어요. 준하는 아로 덕분에 동물과 마음을 나누는 것이 얼마나 행복한 일인지 알게 됐어요. 하지만 더 이상 아로와 함께할 수 없어요. 그래서 너무 슬프고 허전하답니다.

엄마 아빠는 며칠째 풀이 죽어 있는 준하가 안쓰러워서, 준하가 먹어보고 싶다던 마라탕을 먹으러 가자고 했어요. 마라탕이라는 말에 솔깃해진 준하는 엄마 아빠를 따라나섰어요. 마라탕 맛집이라는 식당에 갔더니 빈자리가 없었어요. 준하네는 대기표를 받고 식당 앞 대기석에서 잠시 기다리기로 했어요. 순간, 준하 눈에 고양이 한 마리가 눈에 띄었어요.

"앗, 저기 고양이다!"
"어머, 길고양이인가 보다. 그런데 너무 말랐다. 불쌍해라."

"고양이야! 야옹~. 야옹~."

준하가 말을 걸었지만 삐쩍 마른 고양이는 이쪽을 힐끗 보더니 도망가버렸어요.

"사람이 무서운가 봐. 하긴, 그럴 만도 하지. 고양이 싫어하는 사람들이 얼마나 못살게 굴었겠어."
"아빠, 그 사람들은 왜 고양이를 싫어하는 거야?"
"길고양이들이 먹을 게 없으면 음식쓰레기를 뒤지거든. 그러면 거리가 지저분해지잖아. 또, 고양이 울음소리가 듣기 싫다는 사람도 있고, 고양이 눈이 무섭다는 사람도 있고, 괜히 싫다는 사람도 있고….."
"음식쓰레기를 뒤진다니 불쌍하다….. 그런데 아로처럼 사람이랑 편하게 사는 고양이도 있잖아?"
"맞아. 집고양이와 길고양이는 사는 게 하늘과 땅 차이지. 그래서 길고양이한테 밥과 집을 챙겨주는 사람들도 있고 입양하는 사람들도 있어."

"입양? 그게 뭐야?"

"집에 데리고 와서 키우는 거야."

"이모가 아로를 키우는 것처럼?"

"그렇지."

"우리도 그렇게 하면 안 돼? 우리도 고양이 입양해! 응? 응?"

준하가 고양이를 입양하자고 조르자 엄마와 아빠는 당황한 얼굴로 마주 보았어요.

집에 온 엄마는 이모에게 전화를 걸었어요.

"준하가 고양이 키우자고 조르는데 어떻게 하지?"

"(이모) 키우면 되지, 뭐가 걱정이야? 호호."

"일단 키우면 가족이 되는 건데, 쉽게 결정할 일이 아니지."

"(이모) 맞아. 가족이니까 끝까지 책임져야지. 아프기라도 하면 병원비도 많이 들어. 그래서 버려지는 애들도 많아. 사람이라면 병원비 많이 든다고 가족을 버리지 않잖아?"

"그야 그렇지."

"(이모) 이번에 실습을 해본 셈이니까 충분히 고민해보고 결정해. 혹시 키울 거면 얘기해줘. 얼마 전에 새끼 낳았다고 입양 보낼 곳 찾는 '집사'가 있으니까 소개해 줄게."

'집사'는 고양이를 키우는 사람을 뜻하는 말이에요.
그날 가족회의가 열렸어요. 고양이를 키울 것인가 말 것인가가 회의 주제였지요. 준하와 엄마는 찬성인데 아빠는 망설였어요.

"동물을 가족으로 받아들이는 것은 책임감이 필요한 일이야. 한 생명을 끝까지 책임져야 하니까. 이번에 경험해봐서 알겠지만, 매일 해줘야 할 일도 많아."

"아빠, 내가 밥 주는 거랑 물 주는 것도 하고, 화장실 청소도 할게."

"오, 그런 자세, 좋아! 근데 문제는 청소야. 털과 모래가 어지간해야 말이지."

"청소를 자주 하는 수밖에 없어. 새끼를 데려와서 어려서부터 진공청소기에 익숙하게 하면 좀 낫지 않을까?"

"그럴 수도 있겠네."

"불편한 건 분명 있어. 하지만 기쁨과 행복감이 훨씬 더 크잖아?"

"흠…."

"엄마 아빠! 우리 빨리 고양이 입양하자! 응?"

"좋아!"

"야, 신난다!"

준하는 좋아서 어쩔 줄 몰라 합니다.

며칠 후 준하와 엄마 아빠는 입양한 새끼고양이를 이동장에 넣어서 데려왔습니다. 준하의 발걸음이 춤추는 듯 활기찹니다.

냥냥냥 고양이 학교

길고양이를 만난다면?

: 거리에서 생활하는 길고양이가 눈에 띄곤 하죠. 길고양이는 줄여서 '길냥이'라고 부르기도 해요.

길고양이는 음식을 구하기 쉽지 않고 교통사고를 당할 위험성도 높아요. 한겨울에 추위를 피하려다 사고를 당하기도 하고요.

이런 길고양이들에게 집과 밥을 챙겨주며 보살피는 사람도 있지만, 길고양이들 자체를 부정적으로 보는 사람도 있어요. 길고양이를 해치는 혐오 범죄도 있고요. 거리에서 길고양이와 여러 번 마주치다 보면 친해지기도 하죠. 하지만 입양할게 아니라면 너무 가까이하지 않는 것이 좋습니다. 사람과 친해진 길고양이는 사람에 대한 경계심이 낮아져서 혐오 범죄를 저지르려고 접근하는 사람에게도 쉽게 다가가게 되거든요.

고양이를 입양하려면 어떻게 해야 할까?

: 고양이의 장점과 매력이 널리 알려지면서 개 못지않게 반려동물로 사랑받고 있어요. 이에 따라 고양이를 입양하는 가정도 많이 늘어났어요. KB경영연구소가 펴낸 '2023 한국반려동물보고서'에 따르면 유기묘를 입양하거나(37%), 주변의 아는 사람(28%) 또는 인터넷에서 알게 된 사람(13%)으로부터 입양하는 것으로 나타났습니다.

고양이를 입양하려면 먼저 한 생명을 책임지는 마음가짐이 필요해요. 그리고 고양이를 위해 갖춰야 할 것들이 있어요. 우선 사료, 화장실, 화장실용 모래, 이동장, 밥그릇, 물그릇, 발톱깎이, 빗, 치약, 칫솔 등이 필요해요. 또 고양이들의 발톱 관리와 스트레스 관리, 운동을 위해 스크래처와 캣타워, 캣폴, 캣휠 등을 준비해주면 더 좋겠지요.

[이런 고양이 저런 고양이]

세상에는 정말 다양한 고양이가 있답니다. 국제적으로 인정되는 품종만 해도 수십 종이 넘습니다. 어떤 고양이들이 있는지 알아볼 까요?

코리안쇼트헤어

우리나라에서 흔히 볼 수 있는 고양이에요. 줄여서 '코숏'이라 부르기도 하는데, 공식 품종은 아니에요. 역사 유적이나 유물로 보아 우리나라에서 삼국시대부터 살았던 것으로 보여요. 특별한 유전병이 없고 건강한 편이며, 성격은 고양이마다 다 달라요. 동네 길고양이들이기도 하고 우리나라 가정에서 가장 많이 키우는 고양이에요.

러시안블루

러시아가 고향이에요. 신비로운 느낌의 푸른색 눈을 가졌고, 몸에는 회색 털이 촘촘히 나 있어요. 다른 색 털은 나지 않고 털에 무늬도 없지요. 자연 발생 품종이라 유전병이 없고 장수하는 편이에요. 조용하고 순한 성격이며 주인을 잘 따라요. 전 세계적으로 인기 많은 품종이에요.

페르시안고양이

집고양이로 많이 키우는 품종이에요. 동글동글한 얼굴과 납작한 코, 통통한 볼살이 특징이에요. 몸 전체를 길고 부드러운 털이 덮고 있어요. 꼬리 털도 풍성해서 화려해 보여요. 활동량이 적어서 주로 느긋하게 누워 있는 편이고 사람에게 안기는 것을 좋아해요. 차분하고 얌전하지만, 호기심도 많답니다.

샴고양이

태국에서 생겨난 품종으로 태국 왕실과 사원의 사랑을 듬뿍 받았다고 해요. 태국의 옛 이름이 샴(SIAM)이거든요. 얼굴과 발, 꼬리의 털이 유난히 짙은 편이라 눈에 잘 띄어요. 영리하고 예민하며, 사람을 잘 따라요. 물론 장난기도 많답니다.

아비시니안

고대 이집트 벽화와 조각에서 비슷한 고양이를 볼 수 있어서 이집트를 원산지로 보기도 하지만 확실하지는 않아요. 눈과 귀가 크고, 특히 눈매가 선명해요. 날씬하고 우아한 모습을 자랑한답니다. 털이 짧은 단모종이에요. 활동적이고 호기심이 많으며 영리해요. 사람을 잘 따르는데 그만큼 외로움도 많이 타요.

노르웨이숲고양이

튼튼하고 몸집 큰 대형 고양이에요. 북유럽(노르웨이)에서 왔어요. 북유럽 신화에 등장하며, 바이킹과 함께 배를 탔다고 전해져요. 북유럽의 추운 기후에 적응하여 길고 풍성한 털이 촘촘히 나 있어요. 대신에 더위에는 아주 약해요. 영리하고 사교적이며 활동적이에요. 겁이 없고 호기심도 많지요.

스핑크스

언뜻 털이 없는 것처럼 보이는데 실제로는 짧은 털이 있어요. 스핑크스라는 이름 때문에 보통 이집트가 고향인 줄 알지만 사실은 멕시코에서 왔답니다. 활발하고 사교적인 성격이라 사람이나 다른 동물과 잘 어울려요. 피부가 부드럽고 주름이 많은데, 피부에 털이 거의 없어 체온 유지 등을 위해 관리를 잘 해줘야 해요.

스코티시폴드

스코틀랜드가 고향이면서 귀가 접혀 있어 스코티시폴드(Scottish Fold)라는 이름이 붙었어요. 접힌 귀는 돌연변이로 생겨난 것으로 보여요. 얼굴과 몸이 전체적으로 동글동글한 느낌이고 인상도 부드러워요. 성격이 느긋하고 겁이 없어서 낯선 환경에 빨리 적응하지요. 하지만 유전병을 조심해야 해요.